Die Sonne und ihre Kinder

Eine Geschichte von Siegfried Pater
mit Bildern von Dorothee Wolters
und der Beratung von José Lutzenberger

HORLEMANN

Wir danken allen, die mit ihren Ideen, Anregungen und mit ihrer Kritik beigetragen haben.

Kim ruft vom Baum herab: „Käppi, kannst du mir auch so schöne Blumen ins Haar flechten wie der Katja?"

Katja, Kim und Käppi sind Geschwister. Sie spielen, so oft sie können, im Garten hinter dem Haus der Eltern. Dort treffen sie auch alle ihre Freunde. Auf der Wiese dürfen sie sich so richtig austoben. Erwachsene mischen sich nicht ein.

Kim liebt ganz besonders den großen Baum. Mit seinen dicken Ästen hält er die kletternden und schaukelnden Kinder fest. Sicher und geduldig wie auf starken Armen.

„Hm, das duftet echt gut.“

Hier fühlen sich Katja, Kim und Käppi richtig wohl. Der Baum beschützt sie mit dem Schatten wie ein großer Bruder. Alles riecht so gut, daß Kim gar nicht genug bekommen kann. Katja mag es ganz besonders, wenn die Gräser an ihrer Haut kitzeln. Auch den Tieren geht es gut: der Schnecke, dem Falter, dem Lurch und dem Käfer. Sogar der Stein schmunzelt zufrieden. Und die Sonne scheint glücklich auf alle herab.

„Ich finde, Pflanzen riechen besser als Menschen."

„Könnten Menschen und Tiere eigentlich ohne Bäume, Sträucher und Blumen leben?" Während Kim darüber nachdenkt, rülpst Käppi dicht vor ihrer Nase. Pfui, wie das stinkt! „Aber wenn wir den Duft der Pflanzen so schön finden, mögen die Pflanzen vielleicht auch den Duft von uns Menschen", überlegt Kim.
Kims Gedanken sind schon ganz richtig: Was wir ausatmen, atmen die Pflanzen ein – und wir atmen ein, was die Pflanzen ausatmen. So ist das ungefähr! Ohne Bäume, Sträucher und Blumen könnten wir nicht leben. Sie sind für uns sehr wichtig.

rülps

„Käppi, siehst du, wo unser Honig herkommt?"

Die Bienen sind immer beschäftigt. Sie sammeln den ganzen Tag den Nektar aus den Blüten, aus dem sie den Honig machen. Ohne die Bienen könnte sich Käppi nicht mehr jeden Morgen auf sein leckeres Honig-Brötchen freuen. Kim will das ihrem Bruder erklären, aber der schaut lieber den Ameisen zu. Käppi wundert sich, daß sie mit der schweren Last nicht das Gleichgewicht verlieren. Am liebsten würde Käppi noch näher an die kleinen Waldarbeiter herangehen, aber er weiß, daß er sie nicht stören darf. Denn auch die fleißigen Ameisen haben eine große Aufgabe: Sie sorgen für Ordnung in der Natur. Wenn der Falter oder der Käfer einmal sterben, dann werden sie von den Ameisen gefressen, da die kleinen Tiere niemand eingräbt.

„Piep, piep, mir ist ja so schlecht."

Plötzlich hören die Kinder ein lautes Piepen.
„Schaut nur, der Vogel", ruft ein Junge.
„Dem geht es gar nicht gut!"
Katja, Kim und Käppi laufen sofort hin. Alle sind ratlos.
„Was kann ihm nur passiert sein?" fragt Katja. Kim ist ganz traurig: „Der Arme! Wir müssen ihm unbedingt helfen!"
Da steigt allen ein unangenehmer Geruch in die Nase.

„Guck da, der Mann ist schuld."

Käppi hebt den kranken Vogel auf. Die anderen stürmen los. Aus dem Nachbargarten kommt der fürchterliche Gestank. Katja hält sich die Nase zu und murmelt kaum verständlich: „ Wie eklig."
Kim ist richtig böse und rüttelt an dem Zaun. „Nein", ruft sie. „Aufhören, sofort aufhören. Das ist ja schrecklich."
Aber der Nachbar hört die Rufe nicht. Ruhig sprüht er weiter Gift auf seine kleinen Salatpflänzchen, Reihe für Reihe.

„Herr Nachbar, hören Sie sofort auf, sonst werden alle Vögel krank."

Kim gibt keine Ruhe. Endlich bleibt der Nachbar stehen und legt seine Giftspritze ab. Verlegen schaut er auf den Vogel, den Käppi liebevoll im Arm hält.
„Das können Sie doch nicht machen", beschwert sich Kim.
„Ich will doch nur meine kleinen Salatpflanzen vor Raupen schützen", verteidigt sich der Nachbar.
Weiß er denn nicht, daß sein Gift die Vögel umbringt, die doch eigentlich dazu da sind, um die Raupen zu fressen?
Kim schimpft: „Wenn wir keine Vögel mehr haben, wer frißt denn dann die Raupen?"
Sie ist sehr wütend: „Wir wollen kein Gift. Und dein Salat will auch kein Gift, denn der wird dadurch ja nur schwach und ungesund."

„Hurra, wir haben es geschafft. Jetzt brauchst du keine Angst mehr zu haben."

Noch nie hatte der Nachbar darüber nachgedacht, wie sehr sein Gift den Tieren schadet. Der kleine Vogel tut ihm so leid, daß er verspricht, nie wieder Gift zu versprühen. Katja, Kim, Käppi und die anderen sind darüber sehr glücklich. Auch dem Vogel geht es jetzt wieder besser. Unter dem großen Jubel der ganzen Kinderschar fliegt er hoch in die Luft und beginnt sofort, ein fröhliches Liedchen zu zwitschern.
Ob er gehört hat, daß er keine vergifteten Raupen mehr fressen muß?

„Heute nachmittag müßt ihr im Haus bleiben. Ihr wart schon lang genug in der Sonne. Das ist zu gefährlich."

Nach dem Mittagessen wollen Katja, Kim und Käppi wieder im Garten spielen, aber die Mutter verbietet es.
„Draußen ist es doch viel schöner", mault Käppi. Und Katja wundert sich: „Mama, warum dürfen wir denn nicht in den Garten?"
„Die Sonnenstrahlen sind schädlich für die Haut", erklärt die Mutter. „Besonders Kinder können davon sehr krank werden."

„So ein Mist. Mama fährt weg, und wir sitzen hier drinnen fest."

„Ich möchte im Baum herumklettern", jammert Kim.
„Wegen der Sonne dürfen wir unsere Hütte nicht weiterbauen", klagen die anderen.
Drinnen ist es den dreien zu langweilig. Sie lieben den Garten so sehr. Das Zimmer ist klein, da kann man gar nicht richtig toben.
Wie es dem Vogel wohl geht?
„Der kann wenigstens draußen fliegen", denkt Katja. „Der hat es gut." Und sie überlegt weiter: „Schadet dem denn die Sonne nicht?"
„Vielleicht ist er schon groß genug", meint Käppi.
Mürrisch schubst Kim den Bruder an: „Na toll, da können wir ja noch lange warten."

„Sonne, hau endlich ab, damit wir wieder draußen spielen können."

Kaum ist die Mutter außer Sichtweite, rennen die Kinder aus dem Haus. Sie sind ja so böse auf die Sonne.
„Du bist schuld", schimpft Käppi. „Wegen dir müssen wir uns jetzt im Haus langweilen."
„Ich bin sauer", motzt Kim. „Ich mag die Sonne gar nicht mehr sehen."
Und Katja will am liebsten warten, bis Wolken die Sonne bedecken. „Dann haben wir Ruhe vor dir, dann werden wir auch nicht krank. Du blöde Sonne, du."

„Wie gemein, das ist doch gar nicht meine Schuld. Im Gegenteil, ohne mich könnte niemand leben."

Die Sonne versteht die Welt nicht mehr. So etwas ist ihr noch nie passiert. Sie, die doch alle Kinder so sehr liebt, soll böse sein?
Noch nie war die Sonne so traurig. „Ohne meine Wärmestrahlen könnte keine Pflanze, kein Tier und kein Mensch leben. Ohne mich wäre das ganze Leben auf der Erde nie entstanden. Ich kann doch nichts dafür, daß meine Strahlen plötzlich nicht mehr gesund sind. Das liegt doch an den Menschen!"
Der Qualm der Fabriken und der Waldbrände und die Abgase der Autos machen die Sonnenstrahlen schädlich.
„Aber deswegen dürfen die Kinder doch nicht mit mir schimpfen", weint die Sonne.

„Mond, mein Freund, ich bin so traurig, du mußt mir unbedingt helfen."

Nur mit ihrem besten Freund, dem Mond, kann die Sonne über ihre großen Sorgen sprechen. Sie ist sehr verzweifelt:
„Du hast es gut, über dich singen die Kinder schöne Lieder, aber mich beschimpfen sie."
„Hoppla, nicht so böse", erwidert der Mond, „ich habe gar nichts von den Kindern, ich sehe sie nur schlafen."
„Dafür mußt du dich aber auch nicht ausschimpfen lassen. Es hat mir so weh getan, als die Kinder gesagt haben, ich soll abhauen."
Die Sonne erzählt dem Mond ihre Probleme und bittet ihn um Rat. Der Mond wird nachdenklich und schweigt sehr lange. Dann hat er eine Idee: „Meine liebe Sonne, ich glaube, ich kann dir helfen."
Dankbar hört die Sonne ihrem Freund zu.
„Allen Kindern der Welt werde ich den gleichen Traum schicken. Sie sollen die Wahrheit erfahren."

„Ihr Kinder müßt auf der ganzen Welt Freundschaft mit der Sonne schließen."

Auf silbern glänzenden Mondstrahlen gleiten überall auf der Welt Träume herab. Vom Mond direkt in die Kinderherzen. In dieser Nacht schickt der Mond allen Kindern den gleichen Traum. Auch Katja, Kim und Käppi. In diesem Traum tanzen Kinder aus allen Ländern in einem riesigen Kreis rund um die Welt.
„Kinder, ihr müßt den Eltern zeigen, daß es schon zuviele Autos gibt. Auch dürfen die Erwachsenen nicht weiter die Wälder abbrennen. Und sie müssen alles tun, damit die Fabriken sauberer werden. Dann wird es viel weniger Qualm und Abgase geben.
Die Sonne wird wieder fröhlich strahlen und eure Freundin sein. Und ihr Kinder könnt dann wieder den ganzen Tag draußen spielen. Katja, Kim und Käppi und alle anderen überall auf der Welt."

„Die Sonne ist unsere Freundin. Ihr Erwachsenen aber macht alles falsch."

Als die ersten Sonnenstrahlen ins Zimmer scheinen, werden Katja, Kim und Käppi wach. Sie reiben sich den Schlaf aus den Augen und strecken sich. Dann schauen sie sich an und stürmen auf die Mutter los.
„Die Sonne hat keine Schuld", ruft Käppi.
Kim sprudelt nur so über: „Nicht die Sonne schadet uns, du schadest uns mit deinem Auto."
Die Mutter ist entsetzt: „Was ist denn in euch gefahren?"
„ Wir Kinder müssen alle zusammenhalten", antwortet Katja.
Da merken die Geschwister, daß sie alle den gleichen Traum hatten. Sie erzählen ihn der Mutter, die mit jedem Wort nachdenklicher wird.

„Endlich. Jetzt können wir wieder in der Sonne spielen."

Da jetzt alle mit dem Fahrrad oder mit der Straßenbahn fahren, können die Kinder auf der Straße spielen.
Aus dem Auto ist ein Blumenkübel geworden, und es bläst keine Abgase mehr in die Luft. Darüber freuen sich die Sonne und die Kinder sehr.
Der Mond kann das zwar nicht sehen, aber die Sonne wird ihm berichten: Von den glücklichen Kindern, die überall auf der Welt etwas erreicht haben, die dafür gesorgt haben, daß nicht mehr so viel Qualm aus den Fabriken quillt, viel weniger Autos fahren und keine Wälder mehr abgebrannt werden.
Einige Kinder haben sogar damit gedroht, daß sie nicht mehr in die Schule gehen, wenn die Erwachsenen sich nicht ändern.
Auch davon wird die Sonne ihrem Freund erzählen.
Und sie wird ihm danken.
Ganz bestimmt.

S.O.F. – SAVE OUR FUTURE – Umweltstiftung

Ziele und Aktivitäten

Seit 1989 ist die S.O.F. – SAVE OUR FUTURE – Umweltstiftung für den Erhalt unserer Umwelt aktiv. Die Stiftung verfolgt das Ziel, durch ausgewählte Projekte den tatsächlich praktizierten Umweltschutz im täglichen Leben zu fördern.

So führt die S.O.F. - Umweltstiftung seit Januar 1996 in Kooperation mit dem Deutschen Turner-Bund (DTB) das gemeinsame Projekt „Sport und Umwelt" durch. Unter dem Motto „Menschen bewegen – Zukunft sichern" geht es darum, die ökologische Verträglichkeit des Sports zu fördern und die 4,5 Millionen Mitglieder des DTB für Umweltschutzbelange zu sensibilisieren. Zur Umsetzung der gemeinsamen Ziele hat die S.O.F. - Umweltstiftung in Hamburg ein Umweltbüro eingerichtet, das die Vereine und Verbände des DTB in Fragen des Umweltschutzes – vom Vereinsalltag bis zur Großveranstaltung – berät.

Weiterhin unterstützt die S.O.F. verschiedene Jugendprojekte, denn Umweltschutz muß dort ansetzen, wo er sinnvolle Perspektiven bietet: bei der Jugend. Die Stiftung will im Rahmen des Projekts „Zukunftswerkstätten der Jugend" Jugendliche zur aktiven Zukunftsgestaltung motivieren. Hier können die Jugendlichen an Lösungen für regionale Umweltschutzprobleme arbeiten.

Auch Sie können die Aktivitäten und Projekte der S.O.F. – SAVE OUR FUTURE – Umweltstiftung unterstützen. Als Förderer der S.O.F. können Sie etwas bewegen. Ihre Spende fließt zu 100 Prozent in die S.O.F.-Projekte, über die Sie als Förderer kontinuierlich informiert werden.

SAVE OUR FUTURE – helfen Sie uns dabei!

Spendenkonto 582 700 000
Dresdner Bank AG Hamburg • BLZ 200 800 00

S.O.F.
SAVE OUR FUTURE

S.O.F. - Umweltstiftung
Adenauerallee 21
20097 Hamburg

Telefon: 0 40 / 24 06 00
Telefax: 0 40 / 24 06 40